valeı..
ture en ait 213 $\frac{1}{2}$ de tour, ou envir
le ; dimenſion beaucoup plus grand
réellement. Trompé par cette cont
ment, nous n'avions donné qu'envi
pouces de circonférence à l'*aſpe d*
ſa baſe en a vraiment quatorze de
que M. de Vaucanſon a eu la bont
tir ; nous faiſant remarquer en m
avoit faute dans le réglement, &
onces de tour qu'on y aſſignoit à l'
29 qu'il devoit y avoir.

L'*aſpe de tors* dans les moulins
tours en tems égaux, moins il a
moins ſera grande la quantité de fil
dans un de ſes tours de deſſus les
conférence, & plus par conſéque
au contraire, plus ſon diametre ſe
ra grande la quantité de ſoie qui
ſes tours de deſſus les bobines ſur
moins elle ſera torſe. Mais il y a d
qui rendent le tors variable : le
meſure que l'écheveau ſe forme ſu

LA NATURE CONSIDÉRÉE SOUS SES DIFFÉRENS ASPECTS ; OU JOURNAL DES TROIS REGNES *DE LA NATURE.*

CONTENANT:

Tout ce qui a rapport à la Science Physique de l'Homme, à l'Art Vétérinaire, à l'Histoire des différens Animaux ;
Au regne Végétal, à la connoissance des Plantes, à l'Agriculture, au Jardinage, aux Arts ;
Au regne minéral, à l'exploitation des Mines, aux Singularités & à l'usage des différens fossiles.

Par M. BUC'HOZ, Médecin de MONSIEUR.

PREMIERE ÉPOQUE.

TOME SECOND.

A PARIS,
Chez L'AUTEUR, rue de la Harpe, près celle de Richelieu-Sorbonne.
Et chez SAUGRAIN, Libraire quai des Augustins, au coin de la rue Pavée.

M. DCC. LXXX.
Avec Approbation, & Privilege du Roi.

LETTRES
SUR LA MÉTHODE
DE
S'ENRICHIR PROMPTEMENT, ET DE CONSERVER SA SANTÉ *PAR LA CULTURE DES VÉGÉTAUX.*

LETTRE XII.

Sur le Thé.

VOUS avez ſans doute connoiſſance, Monſieur, de la diſſertation que M. le Chevalier de Linnée a publiée en 1767 ſur l'Eloge du thé. M. Trochereau de la Berliere a fait en votre faveur la traduction libre de cette Diſſertation intéressante & digne du Dioscoride du Nord. C'est un vrai présent pour un Curieux comme vous : il mérite toute la reconnoissance possible. M. le Chevalier de Linnée croit qu'il y a deux especes de thé, le thé bhout & le thé verd, qui se ressemblent si fort, dit-il, qu'on seroit tenté de les prendre pour des variétés, en ce que le thé bhout a les feuilles ovales, & que le thé verd a les feuilles plus oblongues, si on n'avoit pas observé une plus grande différence dans la fleur, les pétales du thé bhout étant au nombre de six, & ceux du thé verd au nombre de neuf. Il avoue qu'il ne doit point cette prétendue particularité à sa propre expérience, mais qu'il ne la donne que sur le rapport de M. Hill.

Le thé, dit M. le Chevalier de Linnée, croît à la Chine & au Japon sur le penchant des collines, & principalement le long des bords des fleuves. Il n'aime ni une eau dormante, ni une trop grande chaleur. On le rencontre depuis Canton jusqu'à Pékin. Pékin est à la même latitude que Rome; mais les climats orientaux sont beaucoup plus froids que les nôtres. Les Observateurs météorologiques nous apprennent que le froid y est beaucoup plus vif qu'à Stockholm. Le thé, dans le Jardin Botanique d'Upsal, paroît supporter très-bien, même dans l'hiver, la chaleur, pourvu qu'elle ne soit pas trop forte. Il a passé l'été en plein air, & il s'y est aussi bien comporté que toutes les autres plantes des deux Indes. Cependant on ne s'est pas permis de l'exposer au froid pendant l'hiver.

Tulpius, Médecin très-savant à Amsterdam, est le premier qui en 1641 ait écrit sur le thé, dont il fait un éloge pompeux. Jonquet, Médecin & Botaniste François, qui nous a donné en 1658 le Catalogue des plantes qu'il cultivoit dans son Jardin, renchérit encore sur les éloges de Tulpius, & s'exprime ainsi en parlant du thé : *Herba divina, nondum cognita C. Bauhini temporibus, creditur solis amor, in quam ambrosiæ succos sic fundit salutares, ut qui ejus exhauseris decoctum, est quod arbitretur sibi senii pharmacum accepisse, &c.*

On a cherché inutilement jusqu'ici à le remplacer par quelques autres plantes. Simon Pauli a prétendu que le thé n'étoit autre chose que le *myrica gale;* quelques Suédois l'ont voulu suppléer par les feuilles de l'*acacia sylvestris*, ou *prunus spinosus ;* d'autres par les feuilles de l'*origan;* ceux-ci par les feuilles de *rubus atticus ;* ceux-là par la *veronica officinalis*, la *veronica chamædrys* & la *veronica prostrata.* Les Espagnols vantent beaucoup leur *chenopodium ambrosioïdes*, & s'en servent fréquemment en guise de thé : les François ont fait l'éloge du *capraria biflora*, qui est le thé de la Martinique, & M. de Jussieu, celui du *prinos glaber*, ou apalachine des Américains ; mais le thé des Chinois n'en a pas moins conservé tout son crédit.

Le thé renferme des particules styptiques, puisque les feuilles infusées dans une solution de vitriol, ou dans une eau acidule, donnent une teinture noire : il desseche & resserre les fibres. Les Médecins le placent dans la classe des médicamens atténuans. Il peut être très-utile aux personnes qui ont beaucoup d'embonpoint, mais il est très-nuisible aux tempéramens maigres & secs. Les observations faites dans l'Inde par Hermann & Grim, prouvent que ceux qui abusent de cette liqueur, finissent par tomber dans le marasme.

Tout corps chaud & humide, ajoute M. le Chevalier de Linnée, amollit & durcit les fibres. L'usage de l'eau froide fortifie l'estomac & les visceres, donne de l'appétit & facilite les évacuations. Pline pensoit aussi de même. Voici ses paroles : *Nullum animal, præter hominem, calidos sequitur potus, ideoque non naturales sunt.*

J'ajouterai avec M. le Chevalier de Linnée, que le trop grand usage du thé, considéré comme liqueur chaude, nuit aux dents, les noircit & les carie. M. Kalm dit que l'usage du thé, admis, dans le siecle dernier, par les Sauvages de l'Amérique Septentrionale, leur a procuré trois incommodités qu'ils ne connoissoient point auparavant; savoir, les dents gâtées, les foiblesses d'estomac & les accouchemens difficiles. Car avant cette époque, seules & sans le secours de personne, sans même éprouver de grandes douleurs, les femmes mettoient leurs enfans au monde.

On observe dans les grandes Villes, comme Hambourg, Amsterdam, que presque toutes les femmes de distinction qui font un usage immodéré du thé, sont attaquées de fleurs blanches, *leucorrhea.* Les Chinois assurent que le thé est pernicieux dans les ophtalmies, la colique & la paralysie.

L'illustre Boerhaave a observé en Hollande une maladie qui étoit moins connue auparavant. Le malade sent dans l'œsophage comme un tubercule un peu dur & continu. Il a vu, en disséquant des cadavres, quelques glandes obstruées & schirreuses dont il attribue l'endurcissement à l'usage excessif de boire du thé chaud. Malgré tous ces inconvéniens, le thé étant devenu une marchandise de luxe, les hommes n'en seront pas plus dociles; l'empire de la mode, l'habitude, triomphent toujours de la raison.

M. de Linnée a fait tous ses efforts pour procurer cet arbrisseau précieux à l'Europe. Il en a semé vingt fois sans aucun succès. M. Osbeck en avoit apporté un pied de la Chine; mais endeçà du Cap de Bonne-Espérance, un tourbillon de vent s'eleva tout-à-coup, emporta ce pied du thé de dessus le gaillard d'arriere, & le précipita dans la mer. M. Lagerstrom a apporté au Jardin d'Upsal deux arbrisseaux pour le vrai thé; mais, lorsqu'ils sont venus à fleurir, on n'a pas tardé à découvrir la friponnerie des Chinois, & à s'assurer que ce n'étoit pas le thé, mais le *camellia*. Ils étoient si ressemblans au thé, qu'ils pouvoient en imposer aux yeux des Botanistes les plus exercés. On parvint ensuite, avec de grandes difficultés, à en apporter un à Gothembourg. Les matelots, empressés de descendre à terre, mirent le soir le thé sur une table de la chambre du Capitaine. Pendant la nuit les rats du bâtiment le maltraiterent & le mirent tellement en pieces, qu'il en mourut. Enfin M. de Linnée engagea le Capitaine Ekeberg d'en mettre des semences fraîches dans un pot rempli de terre, presqu'au moment qu'il feroit voile de la Chine, afin que par ce moyen, pendant le voyage, après que le vaisseau auroit passé la ligne, elles pussent germer avant de toucher à Gothembourg; ce qui lui réussit si bien, que le navire ayant mouillé à Gothembourg, toutes les plantes leverent La moitié fut envoyée sur le champ à Upsal, & périt dans le transport. Le Capitaine y porta lui-même l'autre moitiée, le 3 Octobre 1763. Les cotyledons ou feuilles séminales étoient encore adhérens à chacun de ses jeunes pieds.

On en peut voir à présent au Jardin d'Upsal deux qui se portent très-bien. La Suede se glorifie d'avoir été la premiere qui ait possédé cet arbrisseau.

Puisque le thé peut soutenir le froid très-rigoureux de Pékin, continue M. le Chevalier de Linnée, pourquoi ne pourroit-il pas aussi supporter nos hivers? Le lilas, qui est du même pays, s'est aussi bien fait à notre climat que le cerisier & le prunier. Le petit nombre de pieds de thé que nous possédons, ne nous a pas permis de tenter des expériences; car il faut les soigner avec l'attention la plus scrupuleuse, afin d'en obtenir des rejettons qu'on puisse transplanter. Si on cultivoit des plantations de thé comme on le peut, enfin, après un demi-siecle, l'exportation de ses feuilles ne produiroit plus aux Chinois les gains immenses qu'ils en tirent annuellement. Dans le temps que les Arabes avoient seuls la vente exclusive du café, presque tout l'univers leur payoit un tribut dont nous devons la cessation à M. Witsen, d'Amsterdam. Tels sont les vœux que nous formons de bon cœur en faveur des Chinois.

Je ne puis mieux faire, Monsieur, que de joindre mes vœux à ceux du Botaniste Suédois, & d'engager nos concitoyens à cultiver en France cet arbrisseau.

Je suis, &c.

Paris, ce 21 Mars 1769.

Postscriptum. Nos vœux sont actuellement accomplis : on cultive le thé à Paris, dans plusieurs Jardins de Botanique. M. le Chevalier de Jaussen est le premier qui a introduit cet arbrisseau dans le Royaume. Quelques années après la publication de cette Lettre, il a paru deux Mémoires intéressans sur le thé : l'un a été rédigé par M. Fougeroux de Bondaroi, Membre de l'Académie Royale des Sciences, & l'autre par le Docteur Coakley Lettsom ; & comme ce dernier est écrit en Anglois, M. Trochereau de la Berliere s'est bien voulu charger d'en donner la traduction. Nous croyons ne pouvoir mieux faire que d'ajouter à la réimpression de cette Lettre une copie de ces deux Mémoires, qui, réunis ensemble, formeront un Traité complet sur cette plante intéressante. Je ne donnerai ici aucune planche ni figure. Je vous prie de jetter les yeux sur ma Collection de *Plantes nouvellement découvertes & récemment classées* que je publie actuellement. J'ai eu grand soin d'y faire représenter cet arbrisseau avec tous ses détails, tel qu'il a paru lorsqu'il a fleuri à Paris.

MÉMOIRE SUR LE THÉ,

Par M. Fougeroux de Bondaroi.

LE thé dont nous faiſons une infuſion, & que nous prenons en tiſane, eſt la feuille d'un arbriſſeau commun en Chine & au Japon.

L'on fait en Europe une grande conſommation de thé, puiſqu'on eſtime que ce commerce produit annuellement à la Chine vingt-un à vingt-deux millions. Les Anglois en conſomment annuellement plus de trois millions de livres peſant, & l'on prétend qu'ils ont (en 1773) en magaſin ſeize millions de livres peſant de thé (1).

(1) (Extrait de la Gazette de France, du 19 Janvier 1773, & de celle d'Utrecht, du premier Janvier).

La Compagnie des Indes ayant à Londres une quantité de thé en magaſin, réſolut d'envoyer du thé, tant en Amérique, que dans différentes parties de l'Europe, & défendit aux Marchands Anglois de l'exporter.

Ce projet a eu le plus malheureux ſuccès; la Compagnie n'a pu avoir un meilleur prix du thé qu'elle a exporté, que ſi elle l'eût vendu en Angleterre; d'ailleurs les Américains n'ont pas voulu acheter le thé qu'on leur a porté; & cet acte, qu'ils ont regardé comme attentatoire à leur liberté, a été la cauſe de la révolte de ces Colons contre le Miniſtere Anglois.

A ne considérer cette plante que sous ce seul point de vue, c'est-à-dire, du côté de l'usage que l'on en fait, elle mérite d'être particuliérement connue.

Quoique la plante du thé vienne en Chine

Les Anglois (suivant un Mémoire d'une personne qui paroit instruite) en consomment cinq millions par an; ainsi, en ayant seize millions (comme je l'ai dit dans mon Mémoire) en magasin, c'étoit la provision pour environ trois années.

Les Hollandois, les Danois & les François tirent des Indes environ huit millions de thé, & n'en consomment pas la moitié; mais ils en font passer en Angleterre quatre à cinq millions par contrebande. Les François sont ceux à qui ce commerce est le plus avantageux.

Depuis les troubles de l'Amérique, les Anglois n'ont pu exporter (année commune) que pour un million quatre cents mille livres de thé. S'il n'y avoit point eu un privilege exclusif, le thé auroit pu être vendu dix-huit deniers sterling la livre, ce qui en auroit augmenté la consommation. Si le thé avoit été modéré à ce prix, les Américains en eussent acheté des Marchands; la contrebande y eût fait moins de profit, parce qu'on auroit été moins disposé à la faire, le thé ayant été réduit à ce bas prix, c'est-à-dire à environ 30 sols de France la livre de thé, Ceci (écrit en 1775) donne en partie l'origine des troubles & du soulevement des Colonies Angloises contre le Ministere. Rien ne doit donc paroître indifférent à un grand Etat, & les plus petites choses y donnent souvent lieu aux plus grands événemens.

& au Japon, cependant on n'importe en Europe en général que le thé de Chine : les seuls Hollandois vont au Japon, & l'on sait qu'ils nous en apportent très-peu.

On avoit tenté de multiplier l'arbre de thé par des graines tirées de l'une ou de l'autre de ces deux Provinces; mais, faute de précautions sans doute, ces graines nous sont toujours parvenues *rances* & hors d'état de lever. On ne peut pas penser que les habitans de ces contrées, jaloux de cette possession, ne laissent sortir les semences qu'après les avoir fait sécher, & s'être assuré qu'elles ne germeront pas, puisqu'ayant essayé, depuis quelques années, de mettre dans le sable ces graines aussi-tôt qu'elles ont été recueillies, & les ayant fait germer pendant la traversée, cet expédient a très bien réussi. M. le Chevalier Von-Linnée, dont les connoissances en Botanique rendront le nom immortel, a reçu de Chine, en 1763, des semences de thé qui commençoient à pousser. Nous en parlerons dans la suite.

Les Anglois, qui s'occupent vivement de cet objet, ayant adopté ce moyen, tirent aujourd'hui de Chine des pieds & des semences de thé; & ils réussissent à multiplier cette plante chez eux. Ce qui leur a le mieux réussi, a été de mettre ces graines dans du sable humide, contenu dans une caisse, qu'on a soin d'arroser pendant la traversée. Ils apportent également de Chine de jeunes pieds de thé qu'ils conservent dans de la terre humide; mais les semences leur ont paru jusqu'ici plus propres à seconder leur entreprise, & à multiplier cet arbre précieux. L'on peut donc croire avec raison qu'il eût été facile, en employant ces précautions, de transporter plutôt cette plante en Europe. Cet arbrisseau, que les Anglois mettent en espalier, commence à permettre qu'on en fasse des marcottes, & par conséquent à devenir plus commun (2). M. le Chevalier de Janssen, connu par son zele pour enrichir nos contrées de nouvelles plantes, en a tiré un pied d'Angleterre.

Le commerce immense & presque incroyable auquel le thé donne lieu; cette plante, qui semble permettre qu'on la cultive dans notre hémisphere, & qui, suivant toutes les apparences, pourroit réussir dans nos Provinces méridionales, m'ont engagé à consulter les Auteurs Botanistes, les Voyageurs, ceux qui ont traité de la préparation de ses feuilles, enfin les Mémoires dans lesquels on a parlé du commerce du thé.

M. Antoine de Jussieu m'a permis de profiter de son herbier. J'ai comparé plusieurs especes de thé qui lui sont venues de Chine & du Japon, & j'ai cru faire plaisir aux Curieux de rassembler & de leur présenter mes remarques. J'ai dessiné la plante, les caracteres de la fructification, & la variété de ses feuilles. Les Botanistes, pour qui j'écris également, verront que dans l'examen que j'ai fait des fleurs de thé, j'ai reconnu des caracteres qui avoient échappé aux Botanistes qui m'ont précédé.

Nous ne nous proposons point de traiter ici de l'utilité de la boisson qu'on prépare avec les feuilles de cet arbrisseau. Nous laissons aux Mé-

---

(2) *Le Duc de Northumberland a eu dans ses jardins un pied de thé qui a fleuri, & d'après lequel on a gravé une branche & sa fructification.*

decins à décider en quelle circonstance elle peut être salutaire; si elle est nuisible, ou si l'on peut en faire un usage immodéré. Ces questions ne sont point de notre ressort.

M. l'Abbé Galois, entre plusieurs raretés, a apporté de Chine, sous le nom de *thé*, un arbrisseau qui s'est fort multiplié, & qui, par des caracteres particuliers, differe du véritable thé.

Simon Pauli, Médecin & Botaniste de Copenhague, s'est trompé, en disant que le thé devoit être placé dans le genre des *myrica* ou *gale* (3); d'autres ont cru que c'étoit un *acacia*; enfin quelques-uns sont tombés dans l'erreur, en publiant que le thé étoit la feuille d'un prunier sauvage, ou des feuilles d'une espece d'origan, ou de la ronce à trois feuilles de Laponie, &c.

Nos François en Amérique aiment la décoction du *capraria biflora* (4), décrit par le Pere Plumier, & que l'on appelle le thé des Antilles (5). Les Espagnols prennent en infusion les feuilles de la plante que nous nommons *chenopodium ambrosioïdes Mexicanum*, connue sous la dénomination Françoise de thé du Mexique ou d'Ambroisie, ou thé de santé.

M. de Jussieu a dit que la feuille de l'apala-

---

(3) *Voyez son Traité* de abusu tabaci & herbæ thée, quæ est ipsissima chamæleagnos Dodonei; *& celui intitulé*: Quadripartitum Botanicum, *du même Auteur.*

(4) *LIN. GEN.* 875.

(5) *C'est mal-à-propos que le Pere Labat a dit que le thé des Antilles étoit de la classe du thé de Chine.*

chine des Américains (6) pouvoit offrir une tisane agréable; mais en Amérique on prend le *capraria*, & en Espagne le *chenopodium*. Comme nous choisissons les feuilles du capillaire ou le thé d'Europe (7), ou la fleur du bouillon-blanc (8), sachant bien que ce n'est point du thé; & le savant Botaniste que nous venons de citer, a seulement annoncé l'apalachine comme une nouvelle plante propre à faire une infusion (9).

Le mot *thé* paroît dériver des noms que les Chinois ont donnés à cette plante. Elle est appellée THEH en Chine, dans la Province de Fokien, & TEHA dans les autres Provinces de cet Empire. On sait que les Européens, passant par la Chine pour aller au Japon, aborderent à Fokien où ils prirent connoissance du thé. Cet arbrisseau se nomme TSIA dans le Japon.

Il seroit difficile de fixer le temps où les Chinois ont commencé à faire usage du thé. L'on sait seulement que les Hollandois l'apporterent en Europe dans le commencement du dernier siecle, & que dès 1660 on avoit mis des droits considérables en Angleterre sur le commerce qui s'en faisoit.

---

(6) Prini glabri, seu apalachine.

(7) Veronica mas supina & vulgatissima. *C. B.*

(8) Verbascum.

(9) *Le thé de la Mer du Sud est le Cassine: on l'appelle aussi thé du Paraguai.*

Le thé de la Nouvelle-Jersey est le Ceanothus; *enfin, le thé des Suisses est des plantes vulnéraires cueillies dans les montagnes, où elles ont plus de vertus qu'ailleurs.*

Le thé n'étoit qu'indiqué par les anciens Botanistes. C. Bauhin l'a nommé *chaa herba Japonica*. PIN. 147. Plukenet, *the frutex Evonimo affinis*, *arbor orientalis nucifera*, *flore roseo*: mais c'est à Kæmpfer, *amœnitates*, pag. 605, que nous devons une description plus exacte de cette plante, & une bonne figure. Il l'a désignée par cette phrase : *Thea frutex folio cerasi, flore rosæ sylvestris, fructu unicocco, bicocco, & ut plurimum tricocco.*

Le Pere du Halde, tome III, page 474, parle du thé dans sa Description de l'Empire de la Chine. J'ai profité encore de plusieurs faits intéressans sur le commerce du thé, insérés dans l'Histoire des Etablissemens & du Commerce des Européens dans les deux Indes, tome II, page 214, imprimée en 1770.

Boccone, page 130, *Museo di Fisica & di Experienze*, *Venetia*, 1697, a donné une Dissertation sur le thé ou tée; il a cité une Dissertation du Pere Alexandre de Rhodes qui a voyagé en Chine, & qui a décrit cette plante. Cette Dissertation a été traduite & imprimée à Paris en 1666, chez Sébastien-Mabre Cramoisy. La figure qu'en donne Boccone, pl. 94, n'est pas exacte; les feuilles y sont opposées, & le pédicule est trop long.

Je ne cite pas ici beaucoup d'autres Auteurs qui ont parlé du thé, & qui n'ont fait que copier ce que d'autres en avoient dit avant eux.

Nous allons décrire le thé d'après le Chevalier Von-Linnée, *Amœnitates Academicæ*, *vol. VII. Holmiæ*, où ce célebre Botaniste a inséré une These, page 236; *potus theæ*, dans laquelle il donne l'histoire de cette plante, & son usage en boisson. M. Von-Linnée avoit déja publié les caracteres de sa fleur & de son fruit dans ses Genres, page 233, dans son *Systema Naturæ*, N°. 668, page 365.

Ce célebre Botaniste Suédois ne parle que de deux especes de thé qui croissent en Chine & au Japon; encore pense-t-il que dans l'un & l'autre de ces deux Empires, il y a deux arbrisseaux qui ne font que deux variétés : mais la différente forme des feuilles que nous avons été à portée d'examiner, les grosseurs différentes de plusieurs fruits de thé, & sur-tout les fleurs qui, dans plusieurs individus, ne se ressemblent pas, en rangeant ces thés dans le même genre, nous font penser qu'il convient d'en admettre plusieurs especes.

M. de Linnée croit qu'il n'y a que deux variétés de thé; celle connue sous le nom de thé bhout, & celle sous celui de thé verd.

Le thé verd a un calice à six découpures, six pétales égaux & grands.

Le thé bhout differe peu du thé verd; son calice est divisé en six parties; sa fleur est composée de neuf pétales, dont trois extérieurs sont plus grands. Ces pétales sont disposés en rose, & la fleur est blanche.

On voit, dans le disque de la fleur, un grand nombre d'étamines, environ deux cents ou deux cents trente, dont le filet est fin, un peu plus court que la fleur. L'étamine est terminée par une anthere simple.

Le pistil est composé d'un style surmonté de trois stigmates obtus; il porte sur un embryon qui devient un fruit ou gousse divisée en trois loges; elles s'ouvrent chacune en-dessus de la capsule, & renferment une noix ronde, angulaire sur une seule de ses parties. Cette coque ou noix ligneuſe contient une amande huileuſe (10). Kæmpfer dit auſſi que la fleur de thé a ſix pétales, dont un ou deux extérieurs ſont comme fanés, *quaſi ſphacelo tacta*, & plus petits que les autres. Paſſons actuellement aux différences que nous avons remarquées dans les fleurs de thé.

Les fleurs de thé de Chine que nous avons examinées naiſſent une, deux ou trois enſemble, dans l'aiſſelle des feuilles. Le pédicule des fleurs eſt court; mais il s'alonge à meſure que le fruit parvient à ſa maturité. Les fleurs ont toutes un calice diviſé en cinq petites pieces ou écailles creuſées en cuillerons & obtuſes. Ce calice, qui eſt fort petit, ſubſiſte juſqu'à la maturité du fruit Dans une des eſpeces de thé venue de Chine, la fleur, à-peu-près de la grandeur de celle de *ſyringa* ou du pêcher, eſt compoſée de trois ou ſix pétales; de trois pétales, ſi on regarde trois feuilles qui recouvrent les vrais pétales comme formant un ſecond calice. Ces trois feuilles ſont velues, placées extérieurement, & très-différentes des trois autres dont nous allons parler; elles ſont arrondies & concaves. Il y a une de ces trois feuilles qui eſt preſque toujours beaucoup plus petite que les deux autres; ce qui a fait croire à pluſieurs que la fleur n'avoit que cinq feuilles.

Breynius, *Plant. Exot.*, *cent.* 1, *cap.* 52, qui avoit reçu des fleurs de thé du Japon, croit qu'elles

(10) *L'huile de l'amande rend ſans doute cette ſemence peu propre à être tranſportée ſaine dans des climats éloignés, parce qu'elle rancit & qu'elle ſe gâte. On en verra la preuve, lorſque nous parlerons de la façon de ſemer & de cultiver cette plante.*

n'ont que cinq pétales. Lémery, dans son Dictionnaire des Drogues, la dit composée de cinq feuilles.

La fleur est formée de trois pétales minces, disposés en rose; ils sont blancs. On voit, entre ces pétales attachés sur un disque charnu, placé au-dessous de l'ovaire, un grand nombre d'étamines dont les filets sont plus courts que la fleur: l'étamine a son anthere figurée en cœur; elle s'ouvre en deux; les filets des étamines réunis à leur base se séparent environ aux deux tiers de leur longueur: le pistil est composé dans cette espece d'un style de la longueur des étamines, qui se divise vers les trois quarts de sa longueur en trois parties, terminées par des stigmates obtus. Il porte sur un embryon qui devient une gousse à-peu-près semblable à celle du ricin & à une seule loge, ou à deux, trois, ou même à quatre loges. Chaque loge s'ouvre en-dessus du fruit, & elle renferme une graine quelquefois presque ronde, souvent applatie sur une de ses parties, du côté où elle s'appuie sur la cloison de la loge voisine.

Cette coque contient une amande couverte d'une coquille ligneuse comme celle de la noisette, mais moins épaisse & moins dure. Elle varie en grosseur depuis l'aveline jusqu'aux plus petites noisettes des bois.

Dans une autre espece de thé également venue de Chine, nous avons vu la fleur à-peu-près de la grandeur de celle de la premiere espece, composée de deux pétales, & elle avoit encore deux écailles plus épaisses & plus velues.

On remarquoit cinq découpures au calice; le pistil étoit terminé aux trois quarts de sa longueur par trois stigmates. Kæmpfer en a décrit un pareil à celui-ci; il est du double plus long que les étamines.

Un troisieme thé envoyé de Chine par M. Poivre, sous le nom de *tcha hoa*, a la fleur bien plus grande, & composé de six pétales minces. Cette fleur a en outre cinq feuilles plus extérieures, épaisses & velues, & un calice composé de plusieurs petites écailles. Ces deux thés ont les filets de leurs étamines réunis à leur base; mais ils sont séparés un peu au-dessus de leur origine.

Le fruit des thés, au lieu d'être à quatre loges, n'en a souvent qu'une ou deux, parce que les autres avortent. Nous avons plusieurs plantes qui sont dans ce cas. Cette gousse est verte dans le thé, & devient noirâtre à mesure qu'elle mûrit, & l'enveloppe ligneuse de l'amande est couleur de bois.

Il nous manquoit, pour avoir le véritable caractere du thé, de lever des doutes sur la position des étamines de sa fleur, & l'on voit qu'elles sont attachées au support du pistil. M. Adanson, dans ses *Familles des Plantes*, penchoit à croire les étamines attachées au réceptacle de l'ovaire, puisqu'il a placé le thé dans la famille des cistes qui ont ce caractere: je ne crois pas que l'on eût dit que les filets des étamines dans les fleurs de thé fussent réunis à leurs bases; c'est cependant un caractere dont on devroit faire mention.

Les fleurs de thé piquent vivement la langue, & Kæmpfer dit qu'elles ne peuvent point être prises en infusion ou autrement.

En 1763, M. de Linnée reçut des graines de thé qui germoient. La graine qui tenoit encore à la tige de l'une de ces plantes naissantes, prouvoit que le thé eſt dans la claſſe des dicotyledons, c'eſt-à-dire, de celles dont les ſemences ſont à deux lobes, ainſi que l'amande l'indiquoit dans le thé.

Il y a des gouſſes & des graines qui ont plus du double de groſſeur que les ordinaires. Seroit-ce encore des eſpeces dans le genre des thés? Le bois des gouſſes eſt un peu aromatique, mais d'un goût déſagréable. Dans la Province de Fokien, où on tire de l'huile de l'amande des graines de thé, les Chinois l'emploient en aliment & pour les peintures. Dans des deſſins venus de Chine, ſur la façon d'y travailler les vernis, qu'a bien voulu me montrer M. de la Tour, Imprimeur, j'ai vu un Ouvrier occupé à rendre deſſicative l'huile de thé; il la remue dans une baſſine miſe ſur un fourneau.

La plante qui porte le thé eſt, ſuivant le plus grand nombre des Voyageurs, un arbriſſeau qui n'excede pas quatre, cinq ou ſix pieds de hauteur, & dont le tronc a peu de groſſeur: quelques-uns ont cependant dit qu'il y avoit des thés qu'un homme ne pouvoit embraſſer. Sa racine eſt noirâtre, branchue; ſon bois eſt dur, d'un verd pâle, & il a de fortes & groſſes fibres; ſon écorce eſt mince, ſeche, d'un gris brun, d'un goût amer: elle ſe détache quelquefois du liber lorſqu'elle eſt ſeche.

Cet arbriſſeau ſe garnit abondamment de feuilles, quelquefois placées ſans ordre, cependant que l'on reconnoît pour être poſées alternativement ſur des branches; elles n'ont point de ſtipules. Il paroît qu'il y a pluſieurs variétés, dont les unes ont la feuille plus ou moins alongée: elle eſt ou plus large ou plus ovale. La grandeur de la feuille peut cependant dépendre de la qualité dn terrein dans lequel l'arbrisseau a poussé. Toutes les especes ont la feuille épaisse & dentelée ; les dentelures profondes se terminent en pointes mousses. Quoique la feuille soit grasse & épaisse, le pédicule des feuilles est court & charnu. La nervure principale est très-apparente, creuse en dedans, un peu relevée en dehors, convexe en dessous, en dessus un peu creusée. Les nervures qui s'embranchent sur la principale sortent de dessus les feuilles.

Ces feuilles sont d'un verd foncé ; cependant elles le sont un peu moins à la surface inférieure. Ten Rhyne (11) compare l'épaisseur & le luisant des feuilles de thé à celles du laurier-thym ; elles ressemblent encore plus à celles de l'alaterne. Il reste toujours verd, & garde ses feuilles pendant l'hiver.

Le thé pousse ses feuilles nouvelles, & elles succedent aux anciennes vers le mois de Mars : c'est le moment où on en fait la meilleure récolte. L'arbre fleurit au commencement de l'automne ; les fruits restent une année sur l'arbre avant de parvenir à leur maturité.

Cet arbrisseau croît ordinairement dans les vallées & au pied des montagnes. Il paroît qu'il n'est pas délicat, & il aime les terres légeres. Le thé, crû dans les terreins pierreux & exposés au midi, est celui qu'on estime le plus.

Kæmpfer rapporte que les Japonois entourent les terres de riz & de bled avec des plants de thé. Il faut observer que ces terres sont labou-

(11) Observat. ad Cregn. *Plant. exot.*

rées en sillons profonds, dans la vue de donner un égoût aux eaux de pluie.

Le même Auteur ajoute que les graines de thé sont sujettes à ne pas germer, parce qu'elles rancissent très-promptement; aussi a-t-on la précaution de mettre plusieurs graines dans la même fosse, dont il ne leve souvent qu'un ou deux pieds, & de les semer presqu'aussi-tôt qu'elles sont recueillies.

Ten Rhyne dit que l'on abandonne ensuite les plants de thé à eux-mêmes, ayant seulement le soin d'ôter les mauvaises herbes près le lieu où ils croissent. Il semble donc que le thé aime les terres légeres & fraîches.

Les Auteurs paroissent se contredire sur la culture de cette plante, puisqu'après avoir annoncé que cet arbrisseau aime les terres légeres, ils ajoutent qu'on les fume au moins tous les ans. Ne semble-t-il pas que si on fume ces plantations, c'est pour augmenter la récolte des feuilles aux dépens de leur qualité, comme lorsque dans nos Provinces on fume les vignes.

On laisse l'arbrisseau parvenir à une certaine hauteur avant d'entreprendre la récolte des feuilles, & ce n'est guere qu'à la troisieme année qu'on la commence. La quantité des feuilles diminue lorsque l'arbre vieillit, & à la septieme ou dixieme année, on est obligé de rajeunir les pieds. On coupe le tronc; pour lors les rejets & les nouvelles branches donnent une ample récolte de feuilles.

Le thé est commun dans les Provinces situées au nord de Pékin & de Canton, & l'on sait que la température du Japon est à-peu-près la même que dans nos Provinces méridionales, où les positions à l'abri des montagnes la font beaucoup varier.

Le Pere du Halde rapporte que Chinnong, Auteur Chinois, dans le Chuking, dit que le thé, dans deux parties du territoire de la Chine, vient sur les bords des chemins, & que les plus rudes hivers ne le font pas périr. Un autre Auteur Chinois ajoute que le teha porte des feuilles en hiver. Les Voyageurs paroissent s'accorder sur ces faits. S'ils nous ont laissé des doutes, c'est sur la grosseur, la hauteur de cet arbre, & sur la culture qui lui convient.

Lonyu, dans son Traité sur le thé, cité par le Pere du Halde, dit que la fleur de thé est composée de six feuilles en haut, & de six feuilles en bas; que la gousse est aromatique. Il ajoute encore que les especes de thé qui ont les feuilles longues & grandes, sont les plus estimées; qu'au contraire celui qui les a petites & courtes est le moins bon. Le Pere du Halde dit encore qu'il y a une espece de thé très-estimée, dont les feuilles sont longues d'un pouce & plus.

Récolte & préparation des feuilles de thé.

L'on cueille les feuilles de thé avec plus ou moins d'attention. Quelques personnes sont désignées pour faire la récolte du thé destiné à l'Empereur. On exige d'elles la plus grande propreté, & on porte le scrupule jusqu'à ne leur donner que certaine nourriture, de peur que leur haleine ne porte quelque préjudice aux feuilles qu'elles doivent cueillir : elles les coupent avant le lever du soleil. On fait un choix dans les feuilles que l'on détache de l'arbre une à une,

&

& l'on ne cueille que les naiſſantes au moment qu'elles ſe dégagent de leur bouton. On a le plus grand ſoin de ne les pas froiſſer & de les garantir de la pouſſiere; enfin l'on devine aiſément les attentions que l'on peut prendre quand on veut les porter juſqu'au ſcrupule. Il paroît ſeulement que le choix des feuilles, la ſaiſon où on les récolte, peuvent produire de grandes différences dans la qualité du thé. Quand on preſſe l'ouvrage, un Ouvrier peut en cueillir dix à douze livres dans une journée. Nous avons dit que le thé ne s'élevoit qu'à la hauteur de quatre ou cinq pieds; ce qui donne la facilité de cueillir ſes feuilles aiſément. Cependant quelques eſtampes Chinoiſes repréſentent ceux qui cueillent les feuilles avec des bâtons qui portent à une de leurs extrémités un crochet, dans la vue ſans doute de tirer les branches, & de ſe mettre plus à portée avec ce moyen d'en détacher les feuilles facilement.

Comme l'arbre ſe garnit de nouvelles feuilles vers le mois de Mars, c'eſt le moment de la récolte, & celle qui eſt la plus eſtimée, parce que ces feuilles ſont tendres & pleines de ſeve. La ſeconde récolte ſe fait au mois d'Avril, & elle eſt moins bonne; enfin le thé récolté dans les autres mois eſt le plus commun.

L'on donne le nom de *thé Impérial* à celui dont on a fait la récolte avec les plus grands ſoins, que l'on a cueilli ſur des plantes cultivées dans le terrein le plus convenable & le mieux expoſé, & dans la meilleure ſaiſon. Il porte ce nom, parce qu'il eſt principalement deſtiné pour l'Empereur. On le connoît auſſi ſous le nom de *fleurs de thé*.

Lorſqu'on n'apporte pas autant de ſoins à

cueillir les feuilles ; lorsqu'on n'est pas scrupuleux sur les especes qui sont reconnues pour fournir le meilleur thé, & dont les feuilles ont plus de parfum ; enfin quand on les fait sécher sans précautions, on a des thés de différentes qualités, quoique venus d'arbres de la même espece ; peut-être aussi leur donne-t-on alors des noms différens. Les Provinces de Chine qui récoltent du thé, peuvent encore varier dans les noms des thés qu'elles vendent aux Européens : de sorte que l'on se tromperoit, si l'on croyoit qu'il y a autant d'especes de thé que nous connoissons de dénominations différentes. On trouve dans nos magasins le thé *bhout*, le thé *Pecko*, le thé *verd*, le thé *Heysvan*, le thé *Saot-Chaou*, &c. celui *poudre à canon*. C'est un thé roulé, mais dont les feuilles sont seches, & qui se casse en petits grains.

On differe un peu dans les moyens pour la préparation des feuilles de thé. Les Voyageurs conviennent en général que pour faire sécher convenablement les feuilles de la premiere récolte, il suffit de les mettre à l'ombre. Les autres demandent à être exposées à la vapeur de l'eau bouillante pour les amollir, peut-être même pour leur ôter une âpreté nuisible qu'elles auroient sans cette précaution ; car des Voyageurs assurent que ces feuilles seroient désagréables si on les prenoit fraîches, mais qu'elles perdent étant séchées une vertu narcotique qui attaqueroit les nerfs. C'est pour leur ôter ce qu'elles auroient de nuisible, qu'on les plonge un moment dans l'eau chaude, ou qu'on les laisse exposées à sa vapeur. Sitôt qu'elles sont humectées & amollies, on les place sur des platines de fer, échauffées à un point convenable, & placées sur le dessus du fourneau, de façon que la fumée ne puiſſe pas retomber ſur les feuilles. Ce fourneau eſt une eſpece d'étuve d'où on les retire pour les brûler dès qu'elles ſont très-chaudes.

On les prend une à une, & les poſant ſur une eſpece d'étoffe fine, on les roule avec la paume de la main. C'eſt un travail difficile, parce qu'il faut que l'Ouvrier leur laiſſe prendre ſur le feu une vive chaleur pour pouvoir les bien rouler. On leur enleve une humidité qui les empêcheroit de ſe conſerver, en les expoſant plus ou moins, & à différentes fois, ſur les plaques chaudes : il ne faut pas, dès la premiere fois, les trop ſécher. Les jeunes feuilles qui ne doivent point être roulées, & que l'on deſtine à être réduites en poudre, exigent une plus forte deſſiccation. Il paroît que ces préparations ne ſont pas indifférentes pour la qualité du thé, & que ſa bonté en dépend en partie. Il n'en eſt pas ainſi de celle de ployer les feuilles, qui ne peut ſervir que pour les conſerver, mais qui ne paroît pas leur donner plus ou moins de qualité. On étend ces feuilles ſur une table, pour mettre à part celles qui ont été trop ſéchées ou grillées : celles-ci rentrent dans les thés communs. Il faut préparer les feuilles dès qu'elles ſont cueillies ; car un intervalle entre l'une ou l'autre de ces opérations perdroit les qualités du thé. Si les feuilles avoient fermenté, elles ſe noirciroient, & diminueroient beaucoup de prix.

Kæmpfer croit que le thé fraîchement cueilli nuiroit à ceux qui le prendroient : il ajoute que la toréfaction n'ôte pas entiérement aux feuilles leur qualité narcotique, & qu'elle ne ſe perd qu'avec le temps. Les Japonois n'en font uſage qu'au bout de dix mois, & encore le mêlent-ils avec du vieux thé.

Enfin, on met le thé dans de grandes boîtes quarrées, vernies en dehors, couvertes d'une lame de plomb mince, & le thé est enveloppé d'un papier. On met encore le thé, lorsqu'il est en petite quantité, dans des boîtes d'étain dont le couvercle, rétréci & étroit, ferme à vis, & sur lequel on colle du papier. Le point important est d'empêcher l'évaporation des parties aromatiques du thé. Cependant, malgré les précautions des Chinois, il perd son parfum en vieillissant.

Les Chinois joignent au thé quelques autres plantes pour le rendre plus stomachal. Ils en font des tablettes, ou en composent des bols. Ils tirent encore un jus des feuilles de thé, qu'ils font épaissir sur le feu en *extrait*, comme nous travaillons à-peu-près le jus ou sucre de réglisse. On met, gros comme une petite feve, de cet extrait dans l'eau bouillante, & les personnes de qualité en Chine en font un grand usage. J'ai vu à Paris de ce jus de thé venu de Pékin, qui avoit été moulé dans un roseau, & qui étoit en bâton.

Les Japonois coupent les sommités de la plante de thé : ils les trempent dans l'eau, plient les feuilles, & en font de petits paquets qu'ils lient & retiennent avec une soie.

Les Chinois préparent aussi seulement le bouton de la feuille du thé, dès qu'il sort des branches, & avant qu'il soit ouvert : ce bouton est simplement séché ; il est d'un gris argenté & un peu velu. Ce thé est fort rare ici : j'en ai vu que j'ai fait ouvrir dans l'eau.

Il eſt inutile de s'élever ici contre un propos répété ſans fondement en France. On y dit communément que les Chinois ne nous envoient que le thé qui, pour leur uſage, a déja ſouffert une infuſion. Il faudroit que cet arbre fût bien rare dans ces Provinces, pour que ceux qui en font un commerce immenſe le ménageaſſent à ce point. Ce qui peut avoir donné lieu à cette fable, c'eſt peut-être l'opération de la vapeur de l'eau bouillante qu'on lui fait ſubir, & qu'on a mal-à-propos priſe pour une infuſion.

HISTOIRE NATURELLE DU THÉ,

Avec des Observations sur ses qualités médicales & les effets qui résultent de son usage, par Jean Coakley, M. D. F. S. A. & traduit de l'Anglois en François, par M. Trochereau de la Berliere, Inspecteur de la Marine, Membre de l'Académie de Rouen.

DISCOURS PRÉLIMINAIRE DU TRADUCTEUR.

Tempus in hortorum cultu consumere dulce est.

M. le Chevalier de Janssen, grand Cultivateur, & Amateur en Botanique, auquel cette Traduction a été dédiée, aussi recommandable par ses qualités personnelles; par sa politesse aimable & prévenante, que par ses connoissances étendues dans l'Histoire Naturelle, a bien voulu me communiquer l'exemplaire sur lequel j'ai fait cette traduction; il l'a enrichi de plusieurs notes écrites de sa main; j'en ai trop connu le prix pour ne pas en décorer ce petit Ouvrage.

Quoique l'usage du thé ne soit pas aussi généralement répandu en France qu'il l'est en Angleterre, en Hollande, & dans une grande partie de l'Univers connu, j'ai cru que cette Dissertation seroit aussi agréable pour les Botanistes, qu'elle peut être utile à ceux qui, par état, sont destinés à nous donner des loix sur la santé. Tel est au moins le jugement qu'en ont porté deux habiles Médecins, auxquels je l'ai communiquée.

Les Botanistes soupiroient depuis long-temps après la possession du thé; la Suede se glorifioit de cette conquête; nous nous flattions de partager cette bonne fortune, M. l'Abbé Gallois ayant apporté à Trianon en 1766 un arbrisseau sous le nom de thé: mais un examen circonstancié lui a assigné sa vraie place; on s'est assuré que c'est le *Camellia Japonica. Linn. Sp.* Enfin, nous pouvons actuellement jouir de cet arbrisseau intéressant. Gordon, ce fameux Pépiniériste de Londres, l'a envoyé à M. le Chevalier de Janssen depuis quelques mois. Ce dépôt précieux ne pouvoit être confié en des mains plus dignes de le posséder & de le cultiver. Ce thé n'a qu'un demi-pied de haut; la tige en est grosse comme le tuyau d'une plume à écrire; il a le port d'un petit *evonymus*, excepté que la feuille a le verd foncé du laurier-thyn, ou d'un jeune alaterne; les feuilles d'en bas sont plus étroites que les dernieres d'en haut. Telle est la description qui nous a été communiquée par le Propriétaire. La Dissertation sur le thé que nous avons entrepris de traduire, a deux parties: la premiere contient la description botanique de la plante, ses différentes dénominations, son origine; elle traite en outre des terreins & de la culture qui lui conviennent, de la récolte de ses feuilles, de ses variétés, de ses usages, des plantes qui peuvent la remplacer. & de la maniere de conserver ses semences. La seconde Partie présente les différentes expériences faites par l'Auteur; les bons & les mauvais effets que le thé produit; l'histoire de quelques maladies dont il peut être regardé en Angleterre comme la vraie cause. On y fait mention aussi tout au long de l'usage immodéré & de la consommation immense qu'en fait cette Nation.

La description Botanique a été examinée & discutée avec l'attention la plus scrupuleuse par M. Richard, juge très-compétent en pareille matiere. J'ai soumis l'examen de la partie médicale à deux habiles Médecins, MM. Yvon & Brunier, Médecins à Saint-Germain-en-Laye, qui ont pensé unanimement que cette Dissertation seroit très-utile, & qui m'ont fort encouragé à en faire part au Public. L'Ouvrage Anglois est écrit avec ce ton de sagesse, de profondeur & d'exactitude qui caractérise les Auteurs de cette Nation. Heureux si j'ai pu approcher de mon original! J'ai au moins fait tout ce qui a dépendu de moi, pour que l'Estampe rendît fidellement le Tableau.

PRÉFACE DU DOCTEUR COAKLEY LETTSOM.

L'objet de cet Essai est d'un usage trop général parmi les habitans de ce Royaume, & dans plusieurs autres parties de l'Europe, & forme une branche de commerce si étendue, que j'ai imaginé que ce seroit faire plaisir aux Curieux, que de leur donner quelques détails sur l'histoire naturelle de cet arbrisseau, avec les feuilles duquel ils sont si bien familiarisés.

On a publié plusieurs Traités sur l'usage du thé & sur ses effets. Quelques Ecrivains nous ont instruits de quelques circonstances relatives à son histoire naturelle & à sa préparation, & spécialement l'infatigable Kæmpfer. Mais ces circonstances sont tellement éparses, & les détails qu'ils nous ont donnés des vertus du thé sont si contradictoires & si dépourvus de bonnes observations médicales, que j'ai pensé que cette matiere méritoit d'être traitée & discutée avec toute la candeur & la sincérité possibles. Le Lecteur aura au moins la satisfaction de voir réunies, dans un court espace, les principales opinions des Auteurs.

Depuis trois ou quatre ans, nous avons été assez heureux pour introduire dans ce Royaume quelques arbrisseaux de vrai thé. On m'a dit qu'il y en avoit anciennement un fort grand en Angleterre : il appartenoit à un Capitaine de la Compagnie des Indes Orientales; il l'a conservé pendant quelques années, & il a toujours refusé d'en donner des boutures ou des marcottes. Cet arbrisseau est mort, & il n'a pas laissé de postérité en Angleterre. Le célebre M. de Linnée en possédoit, il n'y a pas long-temps, un beau pied; mais j'ai été informé qu'il l'avoit perdu. Je connois plusieurs personnes de distinction qui n'ont épargné ni peines ni dépenses pour se procurer de la Chine cet arbrisseau toujours verd; mais tous leurs efforts ont été infructueux : car, quoiqu'on ait embarqué à Canton plusieurs pieds beaux & vigoureux, malgré tous les soins possibles qu'on a pris pour leur conservation pendant le voyage, ils ont séché bientôt après, & ont péri; & jusqu'à présent un seul a pu survivre à cette navigation en Angleterre.

Le plus beau pied connu dans ce Royaume est, je crois, à Kew (Jardin célebre de la feue Princesse de Galles, où elle dépensoit annuellement des sommes considérables). Il fut porté à ce beau Jardin Royal par J. Ellis, Écuyer, qui l'a élevé en semence ; mais le pied qui est à Sion, appartenant au Duc de Northumberland, est le premier qui ait jamais fleuri en Europe. Il a été dessiné avec beaucoup de précision en cet état de floraison, & accompagné de sa description Botanique. Le Graveur a très bien rendu son original, qui est actuellement en la possession du Docteur Fothergill, cet Amateur si éclairé de l'Histoire Naturelle. Je lui dois plusieurs échantillons de cette plante & de ses fleurs desséchées qu'il a reçues de la Chine. Si le Lecteur compare cette planche avec la description suivante, il aura une idée aussi claire de cet arbrisseau exotique qu'il soit possible de le faire.

On en trouve aussi des jeunes pieds introduits depuis peu dans quelques Jardins de Botanique, aux environs de Londres, en sorte qu'il semble probable que ce végétal si précieux se naturalisera en Angleterre, ou dans celles de nos Colonies qu'on estimera les plus favorables à sa propagation.

A l'égard des effets du thé sur le corps humain, on pourroit s'imaginer qu'un usage aussi constant, aussi général, auroit fourni des preuves si incontestables de ses bonnes & mauvaises qualités, que rien ne pourroit être plus facile que de les déterminer avec précision. Mais il est si difficile d'établir une certitude physique sur les opérations du sang & des remedes, que nos connoissances en général, même à ce dernier égard, sont fort imparfaites. Cependant j'ai tâché de m'aider des secours de ceux qui ont écrit avant moi sur cet arbrisseau avec quelque apparence de probabilité, & de profiter des conversations & des lumieres de plusieurs personnes éclairées qui existent actuellement, ainsi que des expériences & des observations qui se sont offertes à mes yeux; moyens que j'ai cru propres à étendre nos connoissances & nos certitudes sur l'objet de cet Ouvrage.

HISTOIRE NATURELLE DU THÉ.

PREMIERE PARTIE.

SECTION PREMIERE.

CLASSE XIII, ORDRE III.

POLYANDRIA TRIGYNIA (1), fleur à plusieurs étamines & à trois pistils.

Calix,	le Calice.
Perianthium quinque partitum:	Perianthe divisé en cinq parties:
minimum,	fort petites,
planum,	planes.
segmentis rotundis,	les segmens ronds, ob-
obtusis,	tus,
persistentibus.	permanents.
Corolla.	La Corolle.
Petala sex,	Six pétales (2),
subrotunda,	un peu arrondis,
concava,	concaves.
duo exteriora,	deux extérieurs,
minora,	plus petits,

florem nondum expanſum circumdantia.	environnant la fleur avant qu'elle ſoit épanouie.
quatuor interiora,	quatre intérieurs,
magna,	larges,
æqualia,	égaux.
antequam decidant, recurvata.	recourbés, avant qu'ils tombent.
Stamina.	Les étamines.
Filamenta numeroſa ducenta circiter.	Filets nombreux (3), environ 200.
	Il faut remarquer que les filets des étamines ſont attachés à la baſe du germe.
filiformia.	D'une épaiſſeur qui eſt toujours la même.
corollâ breviora.	Plus courts que la corolle.
antheræ cordatæ, biloculares,	Les antheres en cœur, à deux loges,
lente aucta.	elles ont été examinées à la loupe.
Germen globuloſo trigonum.	le germe a trois corps arrondis réunis en forme triangulaire.
ſtyli tres ad baſim coaliti.	trois ſtyles réunis depuis la baſe juſqu'à l'extrémité des ſommets, ſe diviſent enſuite & ſe recourbent au-deſſus des ſommets.
Subulati.	Subulés en forme d'alêne.

recurvati,	recourbés,
longitudine staminum,	de la longueur des étamines,
inter stamina conferta coarctati, & velut in unum consolidati.	serrés l'un contre l'autre, & ne formant, pour ainsi dire, qu'un seul corps, au centre des étamines qui les environnent & les pressent (5).
Petalis autem staminibusque dilapsis à se mutuò recedentes, divaricantes, & longitudine auctâ, marcescentes.	Mais après que les pétales & les étamines sont tombés, ils s'éloignent les uns des autres, s'écartent, & lorsqu'ils ont acquis une certaine longueur, ils se flétrissent sur le germe.
stigmata simplicia.	stigmates simples.

(Le stigmate est l'organe femelle de la génération. Il y en a de différentes figures; il est ordinairement placé à l'extrémité du style; & quand il n'y a point de style, il porte sur le germe).

Pericarpium.	Le péricarpe.
Capsula ex tribus globis coalita.	Capsule formée de trois corps globulaires unis ensemble.
trilocularis, apice trifariàm dehiscens.	à trois loges, s'ouvrant à la partie supérieure en trois directions, en forme de levres.

(Le péricarpe formé du genre, grossit & renferme les semences).

Semina.	Les Semences.
Solitaria,	Solitaires,
globulosa,	rondes.
introrsum angulata.	anguleuses à la partie intérieure.
Truncus.	Le Tronc (6).
Ramosus,	Branchu.
lignosus,	ligneux.
teres,	presque cylindrique,
ramis alternis.	les branches alternes,
vagis,	placées sans ordre régulier.
rigidiusculis,	un peu roides,
cinerascentibus,	tirant sur la couleur cendrée,
prope apicem rufescentibus.	rougeâtres à l'extrémité, à la pointe.
florum pedunculi axillares.	les péduncules des fleurs sortant des aisselles des feuilles.
alterni,	alternes,
solitarii,	solitaires,
curvati,	courbés, inclinés,
uniflori,	portant une seule fleur.
incrassati,	augmentant en épaisseur, en grosseur (7).
stipulati	ayant une stipule,
stipula solitaria.	la stipule solitaire.

Subulata,	Subulée en forme d'alêne.
erecta.	presque perpendiculaire, (*La stipule forme le bourgeon, & se trouve aux insertions*).
Folia.	Les feuilles.
Alterna,	Alternes,
elliptica,	elliptiques,
obtuse serrata, marginibus inter dentes recurvatis.	à dents de scie, terminées par un segment de cercle, les pointes entre les dents recourbées,
apice marginata,	échancrées à la pointe.
basi integerrima, lente aucta.	toutes entieres à la base, sans aucune découpure, un peu grossies,
glabra,	la surface lisse,
nitida,	lustrées,
bullata,	bouillonnées (8),
subtus venosa.	parsemées en-dessous des vaisseaux branchus, où l'on apperçoit un nombre d'anastomoses.
consistentia,	d'une contexture ferme & solide.
Petiolata;	Dont les pétioles ne font qu'un corps avec la base.
petiolis brevissimis.	les pétioles fort courts.

ſubtùs teretibus gibbis, lente auctâ.	les pétioles cylindriques en deſſous voûtées, un peu groſſis,
ſuprà plano caniculatis lente auctis.	un peu plats en-deſſus, & légérement cannelés, un peu groſſis.
Nomina trivialia; Thea bohea & viridis.	Noms Triviaux; le thé bhout, le thé verd (10).

Il n'y a qu'une eſpece de cet arbriſſeau. La différence du thé verd & du thé bhout dépend de la nature du ſol, de la culture & de la maniere de ſécher les feuilles. On a même obſervé que l'arbriſſeau du thé verd, planté dans le pays où étoit le thé bhout, produira le thé-bhout, & *vice verſâ* (11).

SECTION II.

Les Synonymes.

Nombre d'Auteurs ont traité ſur ce ſujet; pluſieurs d'entr'eux n'avoient jamais vu le thé, d'autres l'avoient vu (12). Je parlerai d'abord de ceux qui ſont cités dans le *Species Plantarum* de M. de Linnée (13).

Le *thea*, Jardin de Cliffort, 204. mat. med. 264. Hill. Exot. t. 22.

Thée, Kæmpfer. Japon. 605, t. 606.

L'arbriſſeau ou *frutex*. Barthol. act. 4. p. 13 t. 1. Bent. Javan. 87 juſqu'à 88.

Le thé des Chinois, Breyn. cent. 111. t. 112, fig. 17, t. 3. Bocc. Muſæum. 114. t. 94.

Chaa, Pinax de Bauhin, 147.

Evonymo affinis arbor orientalis nucifera, flore roſeo, arbre qui porte des fruits en forme de ſioix, qui reſſemble au fuſain à fleurs de roſe. Pluk. Alm. 139. t. 88, fig. 6.

Dans les Mémoires de l'Académie de Copenhague (Académie fondée en 1479 par Chriſtian I), nous trouvons la premiere figure de cet arbriſſeau; mais comme elle a été deſſinée d'après une plante deſſéchée, elle ne nous donne qu'une foible lumiere. *Bontius* en a publié une autre; & quoiqu'elle ait été deſſinée dans l'Inde, où il pouvoit avoir vu la plante, elle n'a pas beaucoup d'avantage ſur la premiere. La figure donnée par Plukenet eſt ſupérieure; &, d'après lui, *Breynius* en a publié une encore meilleure: mais Kæmpfer (14) en a donné & la figure la plus exacte, & la deſcription la plus vraie. Cependant cette figure eſt ſi imparfaite, qu'on peut douter ſi elle n'a pas été deſſinée d'après une plante imparfaite deſſéchée, ou quelqu'autre plante mutilée qui auroit paſſé par les mains de quelque Chinois ruſé (15).

SECTION III.

Liſte des Auteurs qui ont écrit ſur le Thé.

Indépendamment des Auteurs cités ci-deſſus, pluſieurs autres ont donné quelques détails de cet arbriſſeau toujours verd; nous ferons ici mention des principaux, afin que le Lecteur, curieux d'une inſtruction plus détaillée, puiſſe y avoir recours (16).

Johann. Petr. Maffeus rerum Indicarum, libro VI. p. 108; & lib. 12, p. 242. Ludov. Almeyd. in eodem opere, libro IV. ſelectarum Epiſtolarum.

Petr. Jarric. tom. II. lib. II. cap XVII.

Matth. Ric. de Christian. Exped. apud Sinas, lib. I. cap. VII.

Alois Frois. in Relatione Japonica.

Nicol. Trigant de Regno Chinæ. cap. III. p. 34.

Histoire de la Navigation de Jean Hugues de Linscot, Hollandois, aux Indes Orientales.

Linscot de Insulâ Japonicâ, cap. XXVI. pag. 35.

Bernhard. Varen in descriptione regni Japonicæ, cap. XXIII, p. 161.

Jean Bauhin, Hist. Univers. Plantarum, 1597. t. III. lib. XXVII. cap. 1. p. 5.

Alex. Rhod. *Sommaire de divers Voyages & Missions Apostoliques du R. P. Alexandre de Rhodes, de la Compagnie de Jésus, à la Chine, & autres Royaumes de l'Orient*, avec *son retour de la Chine à Rome, depuis l'année* 1618, *jusqu'à l'année* 1753, *pag.* 25.

Lettres curieuses & édifiantes.

Nicol. Tulpii, Observat. Medic. l. IV. cap. LX. p. 380. Leidæ, 1641. in-8°.

Adam. Olearii, *Persianische Reise-Beschreibung*, l. V. c. XVII. p. 559, in-fol. 1656, Hambourg, 1696. Amstel. 1666, in-4°.

Joan. Albert Van-Mandelso, Morgenlandische Reise-Beschreibung.

Olaï Wormii Mus. lib. II. cap. XIV. pag. 165.

Dionisii Jonquet, stirpium aliquot paulò obscurius officinis, Arabibus, aliisque denominatarum per Gasparum Bauhinum explicatio, p. 25. 1659.

Simon Pauli, Com. de Abusu Tabaci, & herbæ Thé. Strasbourg, 1665. Lond. 1746.

Simon Pauli, quadripartitum Botanicum, claſſ. ſecundâ, p. 211, ibidemque claſſ. tertiâ, p. 493.

Wilhelm. Leyd. Epiſtol. apud. Simon Pauli, in Comment. de Abuſu Tabaci, &c. p. 15.

Joannes Nieuzofs *Gezantſchap. an den Keiſer van* China, p. 122.

Eraſmi Franciſſ. *Oſt. und. West indiſcher wie auch ſine fiſcher luſt. und Stats garden. p.* 291.

Oliv. Dappers *Beſchrivinge des Keyzerryts Van-Taiſing of,* Sina, Amſt. 1680, pag. 226.

Athanaſ. Kircher China illuſtrata, Ed. 1658.

Pechlin Theophilus bibaculus, Francfort 1684.

Voyage du Pere le Comte dans l'Empire de la Chine, à Londres, 1697, in-8°. pag. 228.

Traité du Café, du Thé & du Chocolat, par Chamberlain, Lond. 1685.

Hiſtoire Naturelle de Thomas Pope Blount, in-8°. Lond. 1693.

Tranſactions Philoſophiques, v. III. n°. 14. Lond. 1712.

Kæmpfer, Amœnit. Exot. in-4°. 1712, p. 618.

Hiſtoire du Japon par Scheuchzer, Lond. 2 vol. in-fol.

Nouveau Voyage aux Iſles de l'Amérique, par le Pere Labat. Paris, 1721.

Comte, Diſſertation ſur la nature & la propriété du Thé, in-4°. Lond. 1730.

Maſon, ſur les propriétés du Thé.

Anciennes Relations de l'Inde & de la Chine, par deux Voyageurs Mahométans. Lond. 1732.

Le Spectacle de la Nature, par l'Abbé Pluche.

Deſcription générale, hiſtorique, chronologique, politique & physique de la Chine, par le P. du Halde, 4 vol.

Gasp. Neumann. *Vom Thée, Coffée Bier und Wein.* Leipsick, 1735.

Encyclopédie par Chambers, t. 2.

Collection des Voyages d'Astley, Lond. 4 v. in-4°.

Concorde de la Géographie, à Paris, 1754.

Les bons & les mauvais effets du Thé. Lond. in-8°. 1758.

Linnæi Amœnit. Acad. vol. VII. p. 241.

Voyage d'Osbeck à la Chine, par Forster. Lond. 2 vol. in-8°.

Lettres d'un jeune Fermier, 1 v. p. 299.

Les maladies des Gens de Lettres & des personnes sédentaires, par Tissot.

Dictionnaire d'Histoire Naturelle, par M. Valmont de Bomare, in-8°. Paris.

Dictionnaire de Botanique, par Milne, in-8°. Londres, 1770.

L'Encyclopédie Françoise.

SECTION IV.

De l'origine du Thé.

Comme la Chine & le Japon (17) sont les seuls pays où l'arbrisseau du thé soit cultivé, nous pouvons raisonnablement en conclure qu'il est indigene à l'un de ces pays, s'il ne l'est à tous les deux. Nous ignorons quel fut le premier motif qui engagea les Naturels de ces Contrées à se servir du thé infusé; mais il est vraisemblable que leur premiere intention fut de corriger l'eau, qu'on dit être saumache & de mauvais goût dans plusieurs endroits de ces climats (18). Le Docteur Kalm nous donne une preuve authentique des bons effets du thé en pareilles circonstances, dans son Voyage du Nord de l'Amérique. Le thé, dit-il, a différens degrés d'estime chez les différentes Nations; & je pense que nous nous porterions aussi bien, & que nos bourses en seroient beaucoup mieux, si nous n'avions ni thé, ni café. Cependant, je dois être impartial, & je ne puis me dispenser de dire, à la louange du thé, que s'il est utile, il doit l'être certainement pendant l'été, dans des voyages comme le mien, à travers un pays désert, où on ne peut porter ni vin, ni autres liqueurs, & où en général l'eau n'est point potable, en ce qu'elle est infectée d'insectes. En pareil cas, elle est fort agréable, quand elle a bouilli, & qu'on la boit avec une infusion de thé. Je ne puis assez vanter le goût délicat qu'elle acquiert, étant ainsi préparée; elle ranime, au-delà de toute expression, un Voyageur épuisé; je l'ai éprouvé moi-même, ainsi que nombre de personnes qui ont parcouru les forêts désertes de l'Amérique. Dans des voyages aussi fatigans, le thé est aussi nécessaire que les vivres (19).

La Compagnie Hollandoise des Indes Orientales introduisit la premiere le thé en Europe au commencement du dernier siecle, & le Lord Arlington, le Lord Offory en emporterent de Hollande une quantité considérable vers 1666 (20). Bientôt il fut adopté par les gens d'un rang distingué; & depuis cette époque, son usage est devenu par degrés universel.

Il est certain en effet qu'avant ce temps, l'usage du thé, même dans les Cafés publics, étoit assez répandu; car en 1660, on avoit imposé (21) un droit de huit deniers par gallon (*) de cette liqueur, faite & vendue dans tous les Cafés.

Dès 1679, Cornelius Bontekoe, Médecin Hollandois, publia un Traité dans sa langue sur le thé, le café & le chocolat; il s'y annonce comme un zélé Protecteur du thé; il ne pense pas qu'il puisse faire aucun tort à l'estomac, quand on en prendroit à l'excès, même jusqu'à cent ou deux cents tasses par jour. L'intérêt politique influoit-il sur l'assertion du Docteur? Mais comme il étoit premier Médecin de l'Electeur de Brandebourg, & que vraisemblablement il jouissoit d'une considération distinguée, les éloges qu'il lui prodiguoit ne pouvoient qu'en accréditer l'usage. Quoi qu'il en soit, nous trouvons que son importation & sa consommation sont accrues journellement, & qu'avant la fin du dernier siecle, il a été généralement adopté, même par le Peuple en Angleterre.

Quoique cette discussion soit étrangere à mon sujet, ce seroit peut-être procurer aux spéculatifs un plaisir de quelque importance, que de détailler la consommation, du moment de sa premiere entrée à la Douane, jusqu'aux énormes importations qui se font actuellement. On m'a dit que la consommation intérieure montoit annuellement au moins à trois millions de livres pesant (22), & que la Compagnie des Indes Orientales en a généralement dans ses magasins une provision pour trois ans.

Comme les Hollandois entretenoient un commerce considérable au Japon, à l'époque où le

(*) *Gallon, mesure d'Angleterre, qui fait environ quatre pintes, mesure de Paris.*

thé a été introduit en Europe, il est probable que ce sont eux les premiers qui ont établi cette branche de commerce; mais maintenant la Chine est le marché général, & la Province de Fokien (23) est le principal pays qui fournit l'Empire & l'Europe de cette denrée.

SECTION V.

Culture & Terrein qui lui sont propres.

Nous sommes principalement redevables à Kæmpfer des détails certains qu'il nous a donnés sur la méthode de la culture de cet arbrisseau; il l'a puisée dans le pays même, au Japon; nous rapporterons ce qu'il dit à ce sujet, & ensuite nous exposerons les détails que nous avons pu rassembler de la méthode Chinoise.

Kæmpfer nous dit que cette plante n'exige aucun jardin, ni aucuns terreins particuliers, & qu'elle est cultivée sur les lisieres des campagnes, sans aucun égard au sol. Ses semences sont renfermées dans une capsule, communément au nombre de six; mais elles n'excedent point celui de douze ou quinze: on en plante pêle-mèle plusieurs dans un trou à quatre ou cinq pouces de profondeur, à une certaine distance les unes des autres. Ces semences contiennent une grande quantité d'huile, qui bientôt devient rance; à peine en germe-t-il une cinquieme partie, inconvénient qui nécessite à en planter plusieurs ensemble.

Dans l'espace d'environ sept ans, cet arbrisseau croît déja à la hauteur d'un homme; mais comme dans cet état il ne porte que peu de feuilles, & qu il croît lentement, on le rabat.

Cette opération donne naissance à un si grand nombre de nouvelles feuilles & de rejettons l'été suivant, que les propriétaires sont abondamment dédommagés de ce sacrifice ; quelques-uns different à les rabattre, jusqu'à ce qu'ils soient parvenus à la dixieme année.

D'après les connoissances qu'on peut tirer des Auteurs & des Voyageurs les plus estimés, on cultive & on prépare cet arbrisseau en Chine de la même maniere qu'on le pratique au Japon; mais comme les Chinois exportent une quantité considérable de thé, ils en plantent des champs entiers, tant pour fournir les marchés étrangers, que pour leur propre consommation.

Cet arbrisseau se plaît particuliérement dans les vallées, sur les collines & sur les bords des rivieres, où il jouit de l'exposition du soleil du midi, quoiqu'il supporte des variations considérables de chaud & de froid, puisqu'il fleurit au nord de Pekin (*), aussi-bien qu'à Canton (24). Il paroît, par les observations météorologiques, que l'intensité du froid à Pekin, est aussi grande dans l'hiver que dans quelques-unes des parties septentrionales de l'Europe (25).

SECTION VI.

Maniere & temps de cueillir les Feuilles.

Lors de la saison propre à la cueillette des feuilles du thé, on loue des Ouvriers, qui,

(*) *Pekin est presque à la même latitude que Rome; Pekin est par les* 39°. 34' *de latitude, & Rome par les* 41°. 54'.

accoutumés

www.ingramcontent.com/pod-product-compliance
Lightning Source LLC
LaVergne TN
LVHW012010160826
845678LV00002B/757
9782329671406